감리사
기출풀이

E06. 비용산정

▌시험출제 요약정리 ▌

1) 개발 비용 비용산정

   - 소프트웨어 규모파악(양적인 크기, 질적인 수준)을 통한 소요공수와 투입자원 및 소요기간을 파악하여 실행 가능한 계획을 수립하기 위해 비용을 산정
   - 단위작업공수(비용)를 통한 총공수(총비용) 산정 (WBS에 근거하여 비용산정)

2) 규모 산정의 의의

   - 낮게 산정 시: 품질문제 발생, 납기문제, 개발자 부담 가중
   - 높게 산정 시: 예산낭비, 일의 효율성 저하

3) 개발비 산정 절차

   - 범위 정의 → 규모 산정 → 보정전 개발비 산정 → 개발비 산정 → 직접경비 산정 → SW개발비 산정

4) 개발비용 산정 방법 종류

   4-1) 하향식 산정방법
      - 경험적 단언(시스템 이해한 후), 개발자 합의(인력, 시스템 크기, 예산)
      - 전문가 감정과 델파이 방식 이용

   4-2) 상향식 산정방법
      - 업무분류구조 정의, 각 구성요소에 대한 독립적 산정, 집계
      - LOC 기법, 개발 단계별 인원수 기법 이용

   4-3) 수학적 산정방법
      - 소프트웨어 비용산정의 자동화
      - FP, COCOMO

5) COCOMO 비용산정기준

5-1) 모델의 유형
가) Basic COCOMO
  - 프로젝트에 관한 노력, 기간, 인원으로 시작할때 유용
  - 크기나 특성에 무관한 방법
나) Intermediate COCOMO 노력승수
  - 제품의 특성
  - 컴퓨터(H/W)의 특성
  - 개인(팀 구성원)의 특성
  - 프로젝트(사용된 도구와 방법)의 특성
다) Detail COCOMO
  - 노력승수 = (개발공정별 노력승수 * 개발공정별 가중치)
  - 개발 공정별 노력승수: Basic COCOMO에서 계산됨

5-2) COCOMO 소프트웨어 유형
가) organic model: 소규모 팀, 작고 간단한 소프트웨어 프로젝트 (5만 라인 이하)
  - PM : 2.4 * (KDSI)**1.05
나) semi-detached model: 중간 규모(30만 라인 이하)
  - PM : 3.0 * (KDSI)**1.12
다) embedded model: 대형, HW,SW 운영체제들을 한꺼번에 개발
  - PM : 3.6 * (KDSI)**1.20

5-3) 계산예시
가) 32,000 LOC로 예상되는 Organic Mode
  - E = 2.4 * (32)**1.05 = 91 man-months
  - D = 2.5 * (91)**0.38 = 14 개월
  - N = 91/14 = 6.5 ≒ 7명
나) 생산성
  - 32,000 / 91 = 352 LOC/MM
  - 352 / 20 (D) ≒ 16 → 결과는 한 사람이 하루에 약 16라인을 작성

6) 기능점수 측정 방법

6-1) 개념
  - 소프트웨어의 양과 질을 동시에 고려한 소프트웨어 규모 측정방식의 일종

- 정보처리규모와 기능적 복잡도에 의해 소프트웨어 규모를 사용자의 관점에서 측정
  하는 방식

6-2) 특징
  - 최종 사용자 입장에서 S/W 규모를 견적 (개발자 입장에서 S/W 견적량인 소스코드
    의 양과 무관)
  - 프로젝트 완료 후 생산성 평가를 위해 개발되었으나 사전에 개발소요공수를 예측
    하는 모델 사용 가능
  - 개발환경과 기술에 무관하게 측정가능하고, 사용자 요구에 따라 시스템 기능 설계
    나 개발 중에도 측정이 가능함
  - 생산성과 품질 등의 척도로도 활용 가능
  - FP 의 측정을 위해서는 모든 기능과 각 기능별 복잡도가 식별되어야만 함. 제안단
    계까지는 추정은 가능하나 측정(산정)은 불가능. 따라서, 알려지지 않은 기능과 그
    기능의 복잡도에 대한 가정 허용

6-3) 기능점수 측정 프로세스

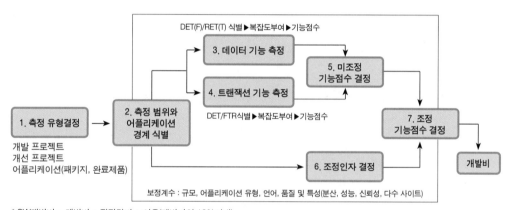

* SW개발비 = 개발비 + 직접경비 + 이윤(개발비의 10%이내)
* F : 필드 , T : 테이블

- 데이터 기능의 데이터 요소 유형(DET) 정의
  - 데이터 요소 유형(DET: Data Element Type)은 사용자가 식별이 가능하고 비
    반복적인 유일한 필드
  - 단위 프로세스의 실행을 통해 ILF나 EIF에서 유지 또는 검색되고 사용자가 식별
    이 가능하며, 반복되지 않는 유일한 필드를 하나의 DET로 측정 (예를 들면, 여러
    필드에 저장되어 있는 계정 번호는 1개의 DET로 측정)
- 레코드 요소 유형(RET) 정의
  - 레코드 요소 유형(RET)은 ILF나 EIF 안에서 사용자가 식별이 가능한 데이

터 요소의 서브그룹으로, 다음 두 가지 유형이 있음(선택적(Optional), 필수적 (Mandatory))
- 선택적 서브그룹이란 사용자가 데이터의 인스턴스(Instance)를 추가 또는 생성하는 단위 프로세스에서 서브그룹을 사용할 수도 있고 사용하지 않을 수도 있는 것
- 필수적 서브그룹은 사용자가 적어도 하나 이상의 서브그룹을 사용하는 것
- 참조 파일 유형(FTR) 정의
  - 참조 파일 유형(FTR: File Type Referenced)은 트랜잭션 기능에 의해 읽히거나 유지되는 내부논리파일 또는 트랜잭션 기능에 의해 읽히는 외부 참조 파일
  - 단위 프로세스 수행 중 유지(입력·수정·갱신 등)되는 각 내부논리파일을 한 개의 FTR로 계산
  - 단위 프로세스 수행 중 읽혀진 각 내부논리파일이나 외부연계파일을 각각 한 개의 FTR로 계산
- 트랜잭션 기능의 데이터 요소 유형(DET) 정의
  - 데이터 요소 유형은 사용자가 인식할 수 있는 유일하고 반복되지 않는 필드
  - 애플리케이션 경계로 들어오거나 나가며 외부 입력 프로세스의 완료에 필요한, 사용자가 인식할 수 있는 유일하고 반복되지 않는 각 필드를 하나의 DET로 측정 (예를 들면, 직무 추가 시 사용자가 정하는 직무명과 급여 등급은 두 개의 필드로 계산)

6-4) 측정목적에따른유형
- 개발프로젝트 기능점수(DFP: Development Function Point) : 신규 또는 커스터마이징 시스템
  - 개발완료 시 프로젝트가 종료된 후 고객에게 최초 인도된 소프트웨어 기능을 측정
    → 공식 : $DFP = (UFP \times CFP) \times VAF$
  - UFP : 설치 후 이용이 가능한 기능들에 대한 미조정 기능점수
  - CFP : 변환 기능에 대한 미조정 기능점수
  - VAF : 개발 프로젝트의 애플리케이션에 대한 조정인자

- 개선프로젝트기능점수(EFP: Enhancement FP) : 기존시스템의 기능 개선
  - 개선요구사항완료시 사용자가 현재 사용중인 애플리케이션의 변경 발생시, 추가·수정·삭제한 부분에 대한 소프트웨어 기능을 측정
    → 공식 : $EFP = [(ADD + CHGA + CFP) \times VAFA] + (DEL \times VAFB)$
  - ADD : 개선 프로젝트에 의해 추가되는 기능의 조정 전 기능점수
  - CHGA : 개선 프로젝트에 의해 수정되는 기능의 조정 전 기능점수 (Change After)
  - CFP : 개선 프로젝트에 의해 개발되는 변환 기능의 기능점수

- VAFA : 개선 프로젝트 종료 후 애플리케이션 조정인자 (Value Adjustment Factor After)
- DEL : 개선 프로젝트에 의해 삭제되는 기능의 조정 전 기능점수
- VAFB : 개선 프로젝트시작 전 애플리케이션 조정인자 (Value Adjustment Factor Before)

■ 애플리케이션기능점수(AFP: Application FP) : 개발완료시스템이나 패키지 시스템
- 개선요구사항완료후, 현기능점수 재계산시 사용자가 현재 사용중인 애플리케이션의 기능을 측정하는 것. 최초 개발된 기능점수와 동일 함. 추가적인 개선 사항이 발생하면, 추가된 기능과 변경된 기능은 최초 고객이 보유하고 있던 기능점수에서 더해지고, 변경전과 삭제된 것을 제외하고 기능을 측정
  → 공식 : $AFP = [(UFPB + ADD + CHGA) - (CHGB + DEL)] \times VAFA$
- UFPB : 개선 프로젝트 시작 전의 미조정 애플리케이션 기능점수
  (UFPB의 측정이 불가능하면, 'UFBP = AFPB / VAFB' 의 공식을 이용해 측정.
  AFPB는개선 프로젝트 전의 애플리케이션 기능점수이고,
  VAFB는 개선 프로젝트 전의 애플리케이션 조정인자.)
- CHGB : 변경된 기능에 대한 개선 프로젝트 전의 미조정 기능점수

6-5) 데이터 기능, 트랜젝션 기능의 유형
　가. 처리 기능 유형(Transaction Function Type)
　　- 외부입력 : EI(External Input)
　　- 외부출력 : EO(External Output)
　　- 외부조회 : EQ(External inQuiry)
　나. 데이터 기능 유형(Data Function Type)
　　- 내부논리파일 : ILF(Internal Logical File)
　　- 외부 인터페이스 파일 : EIF(External Interface File)

6-6) 기능과 트랜잭션 기능 측정 절차
　① 단위 프로세스를 식별한다.
　② 식별된 단위 프로세스의 주요 의도를 결정하고 ILF · EIF · EI · EO · EQ로 구분한다.
　③ 데이터 기능 및 트랜잭션 기능 식별 규칙을 검증한다.
　④ 데이터 및 트랜잭션 기능의 복잡도를 결정한다.
　⑤ 데이터 및 트랜잭션의 미조정 기능 점수에 대한 기여도를 결정한다.

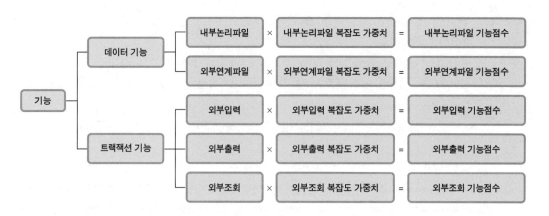

6-7) RET/DET의 복잡도와 ILF/EIF의 가중치

레코드요소 유형(RET)의 개수	데이터요소유형(DET)의 개수		
	1~19	20~50	51이상
1	낮음	낮음	보통
2 ~ 5	낮음	보통	높음
60이상	보통	높음	높음

복잡도	가중치	
	ILF	EIF
낮음	7	5
보통	10	7
높음	15	10

6-8) EI, EO/EQ의 복잡도와 가중치

참조파일 유형(FTR)의 개수	데이터요수유형(DET)의 개수		
	1~4	5~15	160이상
0 ~ 1	낮음	낮음	보통
2	낮음	보통	높음
30이상	보통	높음	높음

참조파일 유형(FTR)의 개수	데이터요수유형(DET)의 개수		
	1~5	6~19	200이상
0 ~ 1	낮음	낮음	보통
2 ~ 3	낮음	보통	높음
40이상	보통	높음	높음

복잡도	가중치	
	EI/EQ	EO
낮음	3	4
보통	4	5
높음	6	7

6-9) 간이기능계산법에 적용되는 평균 복잡도 가중치 (2007년)

유형	데이터 기능		트랜잭션 기능		
	ILF	EIF	EI	EO	EQ
가중치	7.4	5.5	3.9	5.1	3.8

기출문제 풀이

● 해설 : ②번

- COCOMO은 LOC 방식이고, Boehm이 개발함. 각 분야에서 엄선한 63개 프로젝트 데이터에 기초해 작성된 경험적인 소프트웨어 비용 견적 모델로 개발
- COCOMO모델은 프로젝트 개발 유형으로 Organic, Semidetached, Embedded COCOMO가 있으며 비용산정기준에 따른 분류로 Basic, Intermediate, Detailed COCOMO가 있다. Intermediate COCOMO의 노력승수는 제품의 특성, 컴퓨터의 특성, 개인(요원)의 특성, 프로젝트의 특성이 있다.

● 관련지식 •••

1) COCOMO 비용산정기준

  1-1) Basic COCOMO
    - 프로젝트에 관한 노력, 기간, 인원으로 시작할 때 유용
    - 크기나 특성에 무관한 방법

  1-2) Intermediate COCOMO 노력승수
    ■ 제품의 특성
    ■ 컴퓨터(H/W)의 특성
    ■ 개인(팀 구성원)의 특성
    ■ 프로젝트(사용된 도구와 방법)의 특성

1-3) Detail COCOMO
   노력승수 = (개발공정별 노력승수 * 개발공정별 가중치)
   개발 공정별 노력승수: Basic COCOMO에서 나옴

2) COCOMO 소프트웨어 유형
   A. organic model: 소규모 팀, 작고 간단한 소프트웨어 프로젝트 (5만 라인 이하)
      − PM : 2.4 * (KDSI)**1.05
   B. semi−detached model: 중간 규모(30만 라인 이하)
      − PM : 3.0 * (KDSI)**1.12
   C. embedded model: 대형, HW,SW 운영체제들을 한꺼번에 개발
      − PM : 3.6 * (KDSI)**1.20

3) 계산예시

   3-1) 32,000 LOC로 예상되는 Organic Mode
      − E = 2.4 * (32)**1.05 = 91 man−months
      − D = 2.5 * (91)**0.38 = 14 개월
      − N = 91 / 14 = 6.5 ≒ 7 명

   3-2) 생산성
      − 32,000 / 91 = 352 LOC/MM
      − 352 / 20 (D) ≒ 16
      − 그러므로, 한 사람이 하루에 약 16라인 작성
      − 제어 행위에 대한 설명이 없이 그 효과만 설명

다음 소프트웨어 기능점수 모델에 대한 설명으로 <u>적합하지 않은</u> 것은?

① Albrecht가 최초로 제안했다.
② 입출력의 수, 질의문의 수, 파일의 수, 외부 인터페이스의 수들을 집합시켜 소프트웨어가 제공해야 하는 하나의 기능점수로 환산한다.
③ 데이터의 복잡도, 프로그램 간의 구조적 연관성, 사용 프로그램 언어를 복합적으로 고려한다.
④ 데이터 복잡도가 낮고 처리 알고리즘이 중요한 소프트웨어에는 적합하지 못하다.

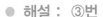

● 해설 : ③번

　기능 점수 모델은 프로그램 언어에 독립적

● 관련지식 ●●●

1) 기능점수 모델의 정의
　– 소프트웨어의 양과 질을 동시에 고려한 소프트웨어 규모 측정방식의 일종
　– 정보처리규모와 기능적 복잡도에 의해 소프트웨어 규모를 사용자의 관점에서 측정하는 방식

2) 기능점수 모델의 특징
　– 최종사용자 입장에서 S/W 규모산정(개발자 입장에서 S/W 견적량인 소스코드의 양과 무관)
　– 프로젝트 완료 후 생산성 평가를 위해 개발되었으나 사전에 개발소요공수를 예측하는 모델 사용 가능
　– 개발환경과 기술에 무관하게 측정가능하고, 사용자 요구에 따라 시스템 기능 설계시 개발 중에도 측정 가능함
　– 생산성과 품질 등의 척도로도 활용 가능
　– FP 의 측정을 위해서는 모든 기능과 각 기능별 복잡도가 식별되어야만 함. 제안단계까지는 추정은 가능하나 측정(산정)은 불가능. 따라서, 알려지지 않은 기능과 그 기능의 복잡도에 대한 가정 허용

기능점수 방법을 기반으로 하는 정보통신부 고시 제2005-22호 "소프트웨어 사업 대가기준"에서 개발비 산정시 보정 계수 산정을 위한 항목으로 사용되지 <u>않는</u> 것은?

① 분산처리(어플리케이션이 구성요소간에 데이터를 전송하는 정도)
② 신뢰성(장애시 미치는 영향의 정도)
③ 다중사이트(상이한 하드웨어와 소프트웨어 환경을 지원하도록 개발되는 정도)
④ 완전성(기능 반영의 완전한 정도)

● 해설 : ③번

완전성은 보정계수에서 사용 되지 않는 항목

● 관련지식 ●●

1) 기능점수 측정 방법
   – 소프트웨어의 양과 질을 동시에 고려한 소프트웨어 규모 측정방식의 일종
   – 정보처리규모와 기능적 복잡도에 의해 소프트웨어 규모를 사용자의 관점에서 측정하는 방식

2) 기능점수 방식에서 보정계수
   – 보정 계수 : 분산처리, 신뢰성, 성능, 다중 사이트
   – 성능 : 응답시간 또는 처리율에 대한 사용자 요구수준
   – 품질 및 특성 보정계수 = 0.025 * 총 영향도 + 1
   – 영향도 = 0 ~ 2 사이의 값
   – 총 영향도= 분산처리 영향도 + 성능 영향도 + 신뢰성 영향도 + 다중사이트 영향도

다음 중 IFPUG(International Function Point Users Group)에서 정의한 기능점수 측정 유형이 아닌 것은?

① 개발 프로젝트 기능점수 측정
② 개선 프로젝트 기능점수 측정
③ 서비스 프로젝트 기능점수 측정
④ 애플리케이션 기능점수 측정

● 해설 : ③번
  - IFPUG(International Function Point Users Group) : 국제 기능 점수 사용자 그룹
  - 측정 유형은 개발, 개선, 어플리케이션 기능 점수 측정으로 구분

● 관련지식 ●●

1) 기능 점수 측정 방식
  - 소프트웨어의 양과 질을 동시에 고려한 소프트웨어 규모 측정방식의 일종
  - 정보처리규모와 기능적 복잡도에 의해 소프트웨어 규모를 사용자의 관점에서 측정하는 방식

2) 기능점수 측정 프로세스

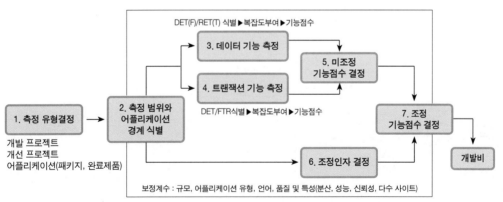

* SW개발비 = 개발비 + 직접경비 + 이윤(개발비의 10%이내)
* F : 필드 , T : 테이블

4) 측정 목적에 따른 유형

- 개발프로젝트기능점수(DFP: Development Function Point) – 개발완료 시프로젝트가종료 된후고객에게최초인도된소프트웨어기능을측정
- 개선프로젝트기능점수(EFP: Enhancement FP) – 개선요구사항완료시 사용 자가현재사용 중인애플리케이션의변경발생시, 추가 • 수정 • 삭제한부분에대한소프트웨어기능을측정
- 애플리케이션기능점수(AFP: Application FP) – 개선요구사항완료후, 현기능 점수 재 계산 시 사용자가현재사용중인애플리케이션의기능을측정하는것. 최초개발된기능점수와동일 함. 추가적인 개선 사항이발생하면, 추가된기능과변경된기능은최초고객이보유하고있던기능점 수에서더해지고, 변경전과삭제된것을제외하고기능을 측정

소프트웨어 개발노력을 추정하기 위한 다음 COCOMO 모델의 설명 중 틀린 것은?

① Intermediate 모델은 영향을 미치는 15개 요인들을 고려한다.
② Basic 모델은 프로젝트 크기와 유형을 제외하고는 프로젝트에 영향을 미치는 요인들을 고려하지 않는다.
③ Intermediate 모델은 개발할 제품, 컴퓨터, 개인, 프로젝트의 특성을 고려한다.
④ Basic 모델은 개발의 노력(effort)에 대한 함수가 아니다.

● 해설 : ④번

  − Basic 모델은 노력, 기간, 인원으로 시작할 때 유용

● 관련지식 ●●

1) COCOMO의 개념
  − 프로젝트 경험에 의한 실험적인 모델
  − Bohem이 개발/제시
  − 비용추정 모델로서 소프트웨어 개발비, 유지보수의 비용 견적, 개발단계 및 업무활동 등 비용 견적의 유연성이 높아 가장 널리 통용된다.

2) COCOMO 비용산정기준
  − Basic COCOMO
  1) 프로젝트에 관한 노력, 기간, 인원으로 시작할 때 유용 (노력도 포함됨)
  2) 크기나 특성에 무관한 방법
  − Intermediate COCOMO 노력승수
  1) 제품의 특성
  2) 컴퓨터(H/W)의 특성
  3) 개인(팀 구성원)의 특성
  4) 프로젝트(사용된 도구와 방법)의 특성
  − Detail COCOMO
  1) 노력승수 = (개발공정별 노력승수 * 개발공정별 가중치)
  2) 개발 공정별 노력승수: Basic COCOMO에서 나옴

소프트웨어 사업대가의 기준(정보통신부 고시 제2007-39호)」과 관련된 사항 중 **틀린 것은?**

① 투입인력의 수와 기간에 의한 소프트웨어개발비 산정은 「엔니지어링사업대가의 기준」을 준용할 수 있다.
② 투입인력의 직접인건비는 한국소프트웨어산업협회가 조사 및 공표하는「소프트웨어기술자 등급별 노임단가」를 적용하여 산정한다.
③ 소프트웨어 개발 규모 증감 조정 및 개발비 사후정산에 대한 기준이 있다.
④ 소프트웨어 개발비 산정은 기능점수 방법과 LOC(Line Of Code) 방법등을 이용하고 있다.

● 해설 : ③번
  – 소프트웨어 개발규모 증감조정 및 개발비 사후정산는 항목 삭제 (2004년 9월)

● 관련지식

1) 소프트웨어 사업 대가의 기준에 개정 이력

  1.1) 2004년 9월 정보통신부 고시 제 2004-52호로 개정 고시
    • 적용 목적을 명확히 정의하여 상위법과의 일관성 확보
    • 소프트웨어 개발규모 증감조정 및 개발비 사후정산 관련 조문의 삭제

  1.2) 2005년 5월 정보통신부 고시 제 2005-22호로 개정 고시
    • 데이터구축방식에 따른 작업요소 기반의 데이터베이스 구축비 대가기준 개정

  1.3) 2006년 4월 정보통신부 고시 제 2006-18호로 개정 고시
    • 소프트웨어 기술자의 등급 및 자격기준 추가
    • 정보전략계획수립비, 평균복잡도, 기능점수당 단가, 코드라인당 단가 조정

  1.4) 2007년 6월 정보통신부 고시 제 2007-20호로 개정 고시
    • 정보전략계획수립비, 평균복잡도, 기능점수당 단가, 코드라인당 단가 조정

2) 사업대가 기준에서 용어 정리 (제2조)

  2.1) "소프트웨어사업비"라 함은 소프트웨어개발비, 소프트웨어유지보수비, 시스템운용환경구축비, 데이터베이스구축비, 정보전략계획수립비 등을 말한다.

  2.2) "기능점수(Function Point)"라 함은 소프트웨어 기능 규모를 표현하는 단위를 말한다.

2.3) "기능점수 방식"이라 함은 소프트웨어가 사용자에게 제공하는 기능을 논리적 관점에서 식별하여 소프트웨어의 규모를 측정하는 방법을 말한다.

2.4) "코드라인(Line of Code)수"라 함은 프로그램을 구성하는 최소명령단위인 문장(Statement)들의 수로서 주석문(Comments)을 제외한 실행문, 환경선언문, 데이터 선언문 등을 말한다.

2.5) "데이터베이스 구축"이라 함은 정보로서 가치가 있는 원시자료를 이용자에게 유용한 형태로 가공·제작하는 일련의 작업과정을 말한다.

2.6) "단위 기초공수"라 함은 평균적인 난이도를 가지는 작업환경에서 각 작업량을 처리하기 위하여 필요한 공수를 말한다.

2.7) "기초공수"라 함은 단위 기초공수에 구축대상 작업량을 곱한 공수를 말한다.

2.8) "소요공수"라 함은 기초공수에 작업환경에 따른 보정요소를 적용한 공수를 말한다.

COCOMO II 모델은 1981년에 발표된 COCOMO 81 모델을 개선한 것이다. 다음 중 COCOMO II 모델의 서브모델이 <u>아닌 것은?</u>

① 응용결합(Application-Composition Model)
② 초기설계 모델(Early Design Model)
③ 재사용 모델(Reuse Model)
④ 컴포넌트 모델(Component Model)

● 해설 : ④번
  – 응용결합, 초기 설계, 재사용, Post-architecture 의 모델이 있음.

● 관련지식 ●●●

  1) COCOMO의 개념
    – 프로젝트 경험에 의한 실험적인 모델
    – 문서화가 잘 되어 있으며, 특정 소프트웨어 벤더에 국한되지 않은 독립적인 모델
    – 초기버전 (COCOMO-81) 은 1981년에 출판되었으면 COCOMO 2까지 여러 버전이 출판
    – COCOMO 2 는 소프트웨어 개발, 재사용등에 서로 다른 방법을 사용.

  2) COCOMO II 모델 상세설명
    – COCOMO 2는 상세한 소프트웨어 측정을 할 수 있는 서브모델을 포함.
    – COCOMO 2의 서브모델은 다음과 같다.

    2.1) Application composition model
      – 소프트웨어가 기존의 부품으로 구성되었을 때 사용
      – 프로토타입 개발에 소요되는 비용을 추정
      – 주로 객체 점수(Object Point)를 사용하여 비용을 추정
      – 객체 점수 생산성은 Very Low 부터 Very High로 5단계

    2.2) Early design model
      – 요구사항은 있지만 설계가 아직 시작되지 않은 경우 사용
      – 측정은 요구사항이 완료된 후에 비용을 추정함

    2.3) Reuse mode
      – 재사용 컴포넌트를 통합하기 위한 노력을 계산하는데 사용

– 코드 수정이 없는 블랙박스 재사용과 코드가 수정되는 화이트박스를 재사용이 있음

2.4) Post-architecture model
– 소프트웨어 실제 개발 및 유지보수 단계에서 사용
– 기능 점수, SLOC 등을 기반을 비용을 추정
– 5개의 규모 요소와 17개의 노력 승수를 가지고 계산

3) COCOMO II 의 계산

3.1) 공식 : PM(Person-Months)= A *(Size)**B * (ΠEM) (i=1,···,n)
– B = 1.01 + 0.01 * ΣSF (j = 1, ..., 5),
– Size = KLOC or Unadjusted FP
– A = 2.94 초기 조정 값
– B는 경험성, 개발유연성

3.2) 규모 요소(SF : Scale Factor)

경험성 (PREC : Precedentedness)	개발하려는 소프트웨어와 비슷한 소프트웨어의 개발 경험 정도, 수치가 높을수록 경험 낮음
개발 유연성 (FLEX : Development Flexibility)	소프트웨어 개발에서 허용되는 유연성 정도, 수치가 높을수록 유연성 적음
구조/위험 해결 (RESL : Architecture/Risk Resolution)	제품 설계 검토의 철저함과 위험 제거 정도, 수치가 높을수록 위험 요소 제거 활동이 잘 이뤄지지 않음
팀 응집성 (TEAM : Team Cohesion)	사용자, 개발자 등의 응집도로서, 수치가 높을수록 응집도가 낮음
프로세스 성숙도 (PMAT : Process Maturity)	개발 조직의 소프트웨어 개발 프로세스 성숙도, 수치가 높을수록 성숙도가 낮음

* 각 요소 규모는 6개의 상태로 구성됨

3.3) 노력가중치 (EM : Effort Multiplier)

제품 요소	플랫폼 요소	인적 요소	프로젝트 요소
• 요구되는 신뢰성 (RELY) • 데이터베이스 크기 (DATA) • 제품 복잡도 (CPLX) • 재사용성을 위한 개발(RUSE) • 생명주기에서 요구하는 문서 (DOCU)	• 실행 시간 제약 (TIME) • 주 기억장치 제약 (STOR) • 플랫폼 가변성 (PVOL)	• 분석가 능력 (ACAP) • 개발자 능력 (PCAP) • 근속 정도 (PCON) • 개발되는 소프트웨어에 대한 경험도 (APEX) • 플랫폼 경험도 (PLEX) • 개발언어와 도구 경험도 (LTEX)	• 도구 사용 (TOOL) • 다중 개발환경 (SITE) • 요구되는 개발 일정 (SCED)

*각 단계는 Very Low부터 Extra High의 6단계로 구성됨

기능점수 산정방식 중에서 소프트웨어 규모를 산정하기 위한 항목으로 틀린 것은?

① 외부 입력(External Input)
② 내부 출력(Internal Output)
③ 논리적 내부파일(Internal Logical File)
④ 외부 조회(External inQuiry)

● 해설 : ②번

- 트랜잭션기능-외부입력(EI), 외부출력(EO), 외부조회
- 데이터기능-내부논리파일(ILF), 외부연계파일(EIF)

● 관련지식 ••

1) 기능점수의 정의
- 소프트웨어의 양과 질을 동시에 고려한 소프트웨어 규모 측정방식의 일종
- 정보처리규모와 기능적 복잡도에 의해 소프트웨어 규모를 사용자의 관점에서 측정하는 방식

2) 기능점수 측정

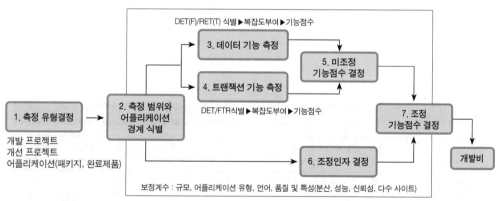

* SW개발비 = 개발비 + 직접경비 + 이윤(개발비의 10%이내)
* F : 필드 , T : 테이블

3) 본수방식과 기능점수 방식의 차이점

구분	본수 방식	기능점수 방식
산정 대상	프로그램	사용자 요구에 대응한 어플리케이션의 프로그램 (트랜잭션) 및 테이블(데이터) 기능
정의	입력, 조회, 수정, 출력 등 유형별 기능을 독립 적으로 실행할 수 있는 프로그램의 최소 단위 – 독립적으로 컴파일, 실행할 수 있는 단위 – 프로그램들간의 결합도는 낮고 프로그램 　내부 스텝들간의 응집도는 높게 구성	소프트웨어가 사용자에게 제공하는 기능을 논리 적 관점에서 식별하여 소프트웨어규모를 측정하 는 방식 – 기능점수 : 어플리케이션의 기능규모를 표현 　하는 단위
산정 방법	프로그램 유형(온라인,배치, 실시간)을 식별한 후, 유형별 평균 스텝수를 곱하여 산정	각 기능유형을 식별한 후, 복잡도에 따른 가중치 를 적용하여 산정
세부 유형	– 온라인 (입력, 조회, 수정, 출력), – 배치 – 실시간	– 트랜잭션기능—외부입력(EI), 외부출력(EO), 외 　부조회(EQ) – 데이터기능—내부논리파일(ILF),외부연계파일 　(EIF)

4) 기능점수의기능유형

- 처리기능유형(Transaction Function Type)
  - → 외부입력: EI(External Input), 외부출력: EO(External Output), 외부조회 :
    EQ(External inQuiry)
- 데이터기능유형(Data Function Type)
  - → 내부논리파일:ILF(Internal Logical File), 외부연계 파일 : EIF(External Interface File)

5) 정규기능점수법과 간이 기능 점수법

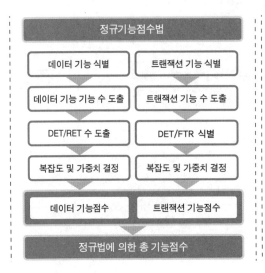
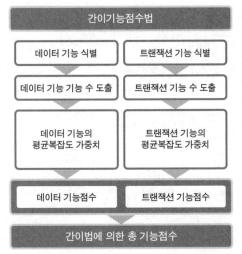

프로그램의 비용 산출을 위한 COCOMO 모델에 의해 규모 추정한 결과, 다음과 같은 미조정 기능 점수 (UFP) 결과를 얻었다면, 최종 기능 점수에 의한 프로그래머 man/month는 어느 구간에 있는가?

	단순	중간	복잡
외부입력	6 × 3	2 × 4	7 × 6
외부출력	1 × 4	3 × 5	1 × 7
내부파일	3 × 7	1 × 10	6 × 15
외부파일	1 × 5	1 × 7	6 × 10
외부질의	3 × 3	1 × 4	0 × 6

* 표 안의 수식에서 앞의 수는 개수를 의미하고, 뒤의 수는 가중치를 의미함
* 최종 기능점수는 미조정점수 * (0.65+0.01+TDI)로 계산하고 TDI(Total Degree of Influence)는 20, 프로그램 유형은 단순형(organic)으로 가정함

① 1 ~ 199
③ 500 ~ 799
② 200 ~ 499
④ 800 이상

● 해설 : ④번

구분	단순			중간			복잡			총계
	개수	가중치	계	개수	가중치	계	개수	가중치	계	
외부입력	6	3	18	2	4	8	7	6	42	68
외부출력	1	4	4	3	5	15	1	7	7	26
내부파일	3	7	21	1	10	10	6	15	90	121
외부파일	1	5	5	1	7	74	6	10	60	472
외부질의	3	3	9	1	4	4	0	6	0	13
총계			57			44			199	300

- 기능점수 = FC(기능수) * TCF(기술적복잡도) = 300 * (0.65+0.01*20) = 255
- COCOMO에서 프로그램유형이 단순형 인 경우 PM 공식 → PM=2.4*(KDSI)**1.05
- PM = 2.4*(255)**1.05 = 807.4

1) COCOMO : 시스템을 구성하고 있는 모듈과 서브시스템의 비용합계를 계산하여 시스템의 비용을 산정하는 방식

프로젝트 유형	공식	유형 설명
단순형 (Organic)	$PM = 2.4 \times (KDSI)^{1.05}$ $TDEV = 2.5 \times (PM)^{0.38}$	− 소규모 팀이 개발하는 잘 알려진 응용 시스템(5만 라인 이하) − 개발 환경도 안정적 − 과학 기술 계산용, 비즈니스 자료 처리용 소프트웨어
중간형 (Semidetached)	$PM = 3.0 \times (KDSI)^{1.12}$ $TDEV = 2.5 \times (PM)^{0.35}$	− 단순형과 임베디드형의 중간형(30만 라인 이하) − 트랜잭션 처리 시스템, 운영체제, 데이터베이스 관리 시스템
임베디드형 (Embeded)	$PM = 3.6 \times (KDSI)^{1.20}$ $TDEV = 2.5 \times (PM)^{0.32}$	− 제약 조건이 강함 　(하드웨어의 동시 개발, 법규의 제한 등) − 하드웨어가 포함된 실시간 시스템, 미사일 유도, 신호기 제어 시스템

− 위 등급은 개략적으로 응용 프로그램, 유틸리티 프로그램, 시스템 프로그램과 1:1로 대응된다.

2) Function point : 정보처리 규모와 기술의 복잡도 요인에 의한 소프트웨어 규모 산정방식
　− 기능점수 = FC(기능수) * TCF(기술적복잡도)

매년 정부에서 고시하고 있는 소프트웨어사업 대가기준 중, 기능점수(function point)방식에 의한 소프트웨어 개발비산정에 적용되는 보정계수에 해당하지 <u>않는 것은?</u>

① 품질 및 특성 보정계수
② 단계별 보정계수
③ 어플리케이션 유형 보정계수
④ 언어 보정 계수

● 해설 : ②번

　　– 단계별 보정 계수는 해당하지 않음

● 관련지식 •••

1) 규모의 보정 계수

　1-1) 기능점수 방식을 적용하는 경우
　　• 규모보정계수 = 0.108 × Log(e)*(기능점수) + 0.2229
　　• 단, 300 기능점수 미만인 경우에는 0.65를 적용함.

　1-2) 코드라인수 방식을 적용하는 경우
　　• 보간법에 의하여 계산하고, 10,000코드라인 미만의 경우에는 0.65를 적용하며, 1,000,000코드라인 이상의 경우는 10,000코드라인당 0.0005씩 추가함.

2) 어플리케이션 유형 보정계수

어플리케이션유형	범 위	보정 계수
업무처리용	인사, 회계, 급여, 영업 등 경영 관리 및 업무처리용 소프트웨어 등	1.0
과학기술용	과학계산, 시뮬레이션, 스프레드시트, 통계, OR, CAE 등	1.2
멀티미디어용	그래픽, 영상, 음성 등 멀티미디어 응용분야, 지리정보시스템, 교육 · 오락용 등	1.3
지능정보용	자연어처리, 인공지능, 전문가시스템	1.7
시스템용	운영체제, 언어처리 프로그램, DBMS, 인간 · 기계 인터페이스, 윈도시스템, CASE, 유틸리티 등	1.7
통신제어용	통신프로토콜, 에뮬레이션, 교환기 소프트웨어, GPS 등	1.9

어플리케이션유형	범 위	보정 계수
공정제어용	생산관리, CAM, CIM, 기기제어, 로봇제어, 실시간, 내장형 소프트웨어 등	2.0
지휘통제용	군, 경찰 등 군장비 · 인력의 지휘통제를 요하는 소프트웨어	2.2

3) 언어 보정 계수

언 어 구 분	보정계수
Assembly, 기계어, 자연어	1.9
C, CHILL, C++, JAVA, C#, PROLOG, UNIX Shell Scripts	1.2
COBOL, FORTRAN, PL/1, PASCAL, Ada	1
ABAP4, Delphi, HTML, Power Builder, Program Generator, Query default, Small Talk, SQL, Visual Basic, Statistical default, XML default, Script default(JSP, ASP, PHP 등)	0.8
EXCEL, Spreadsheet default, Screen painter default	0.6

4) 품질 및 특성 보정계수

보정요소		판단기준	영향도
분산처리	어플리케이션이 구성요소간에 데이터를 전송하는 정도	분산처리에 대한 요구사항이 명시되지 않음	0
		클라이언트/서버 및 웹 기반 어플리케이션과 같이 분산 처리와 자료 전송이 온라인으로 수행됨	1
		어플리케이션상의 처리기능이 복수개의 서버 또는 프로세스상에서 동적으로 상호 수행됨	2
성능	응답시간 또는 처리율에 대한 사용자 요구수준	성능에 대한 특별한 요구사항이나 활동이 명시되지 않으며, 기본적인 성능이 제공됨	0
		응답시간 또는 처리율이 피크타임 또는 모든 업무시간에 중요하고, 연동 시스템의 처리 마감시간에 대한 제한이 있음.	1
		성능 요구사항을 만족하기 위해 설계 단계에서부터 성능 분석이 요구되거나, 설계 · 개발 · 구현 단계에서 성능 분석 도구가 사용됨	2
신뢰성	장애시 미치는 영향의 정도	신뢰성에 대한 요구사항이 명시되지 않으며, 기본적인 신뢰성이 제공됨	0
		고장시 쉽게 복구가능한 수준의 약간 불편한 손실이 발생함.	1
		고장시 복구가 어려우며, 재정적 손실이 많이 발생하거나, 인명피해 위험이 있음	2

	보정요소	판단기준	영향도
다 중 사 이 트	상이한 하드웨어와 소프트웨어 환경을 지원하도록 개발되는 정도	설계 단계에서 하나의 설치 사이트에 대한 요구사항만 고려됨. 어플리케이션이 동일한 하드웨어 또는 소프트웨어 환경하에서만 운영되도록 설계됨	0
		설계 단계에서 하나 이상의 설치 사이트에 대한 요구사항이 고려됨. 어플리케이션이 유사한 하드웨어 또는 소프트웨어 환경하에서만 운영되도록 설계됨	1
		설계 단계에서 하나 이상의 설치 사이트에 대한 요구사항이 고려됨. 어플리케이션이 상이한 하드웨어 및 소프트웨어 환경하에서 동작하도록 설계됨	2

다음 예는 비용산정 기법의 한 예이다. 내용에 가장 적합한 기법은?

> 작업은 가능한 시간을 다 채울 때까지 확장된다. 비용은 객관적인 평가에 의한 것이 아니라 이용 가능한 자원에 의해 결정된다. 만약 소프트웨어가 12개월 이내에 인도되어야 하고, 5명의 인원이 이용가능 하다면, 필요한 노력은 60 person-month로 추정된다.

① 알고리즘 비용 모델
② 파킨슨의 법칙
③ 유추에 의한 산정
④ 전문가 판단

● 해설 : ②번
 - 파킨슨 법칙 : 조직은 주어진 구실이나 업무와는 관계없이 항상 사람을 늘어나게 하는 속성이 존재

● 관련지식 ●●

1) 유추에 의한 산정
 - 유추에 기반한 원가 산정 프로세스에서는 조직이 수행한 과거의 개발 프로젝트와 비교하여 현재 개발 프로젝트의 원가를 추정한다. 유추에 기반한 기법은 과거의 수행한 프로젝트에 대한 기록의 유지와 갱신을 필요로 한다. 과거의 유사한 프로젝트의 비용이 산정 하고자 하는 프로젝트 원가의 기초

2) 전문가판단
 - 하향식산정기법의일종
 - 핵심요원의경험, 배경및업무처리감각에 의존
 - 단점은 그룹요원들은정책적인안배, 그룹 내의권위, 억압때문에정확한 산정이 어려움 또한, 새로운 프로젝트인 경우 산정이 어려움
 - 이러한단점을보강하기위해델파이기법사용

3) 델파이 기법
 - 하향식 기법으로 전문가의 의견 일치를 구하기 위한 방법
 - 전문가 감정의 단점을 보완하여 전문가들의 중재자를 두어 산정

4) 알고리즘 비용 모델

- 연산 방식 비용 모형 또는 수학적 산정 기법이라고 함 (예 COCOMO)
- 연산 방식의 비용산정은 시스템을 구성하고 있는 모듈과 서브시스템의 비용합계를 계산하여 시스템의 비용을 산정하는 방식

비용 산정 모형 중 FPA(Function Point Application) 모델에서 사용된 영향도(Degree of Influence)는 각 특성이 시스템 개발에 영향을 미치는 정도를 0부터 5까지로 평가하는데 이 중 영향도의 특성에 해당되는 <u>않는</u> 것은?

① 데이터 통신(Data Communication)
② 사용자 효율(End-user Efficiency)
③ 다중 사이트 (Multiple Sites)
④ 인터페이스 (interface)

● 해설 : ④번
 - 인터페이스는 14개의 시스템 특성에 포함 되지 않음.
 - 일반 시스템 특성(GSC)을 모두 무시하고 미조정된 기능 점수로 최종적인 기능 점수를 대치하려는 일부 경향이 있음.
 - ISO는 기능 점수에 일반 시스템 특성(GSC)을 배제

● 관련지식 ••

 1) 14개의 일반 시스템 특성 (GSC)
   1. 데이터 통신(Data Communications)
   2. 분산 데이터 처리(Distributed data processing)
   3. 성능(Performance)
   4. 컴퓨터 자원 제한성(Heavily used configuration)
   5. 트랜잭션 비율(Transaction rate)
   6. 온라인 데이터입력(Online data entry)
   7. 최종 사용자 효율성(End user efficiency)
   8. 온라인 갱신(Online update)
   9. 복잡한 처리(처리 복잡도, Complex processing)
  10. 재사용성(Reusability)
  11. 설치 용이성(Installation ease)
  12. 운영 용이성(Operational ease)
  13. 다중 사이트(Multiple sites)
  14. 변경 촉진(변경 용이성, Facilitate change)

2) 영향도(DI)

영향도	내용
0	존재하지 않거나 영향이 없음(Not present, or no influence)
1	우연한 영향(Incidental influence)
2	보통의 영향(Moderate influence)
3	평균적인 영향(Average influence)
4	중대한 영향(Significant influence)
5	지속적으로 강력한 영향(Strong influence throughout)

3) 계산 방법

- 14개의 일반 시스템 특성 (GSC)은 각각 독립적으로 계산되고, 영향도(Degree of Influence: DI)에 따라 0 (영향 없음)부터 5 (강한 영향) 사이의 한 값이 할당
- 14개의 일반 시스템 특성 (GSC)은 전체적인 총영향도 (Total Degree of Influence: TDI)를 계산하기 위해 합산
- 조정된 기능 점수 (adjusted function point)는 값 조정 인자 (Value Adjustment Factor: VAF)를 이용하여 계산. (VAF = (TDI * 0.01) + 0.65, FP = UFP * VAF)

E07. 소프트웨어 시험

시험출제 요약정리

1) 소프트웨어 시험의 정의
- 노출되지 않은 숨어있는 결함(Fault)을 찾기 위해 소프트웨어를 작동시키는 일련의 행위와 절차
- 오류 발견을 목적으로 프로그램을 실행하여 품질을 평가하는 과정

2) 소프트웨어 테스트의 목적 및 필요성

테스트의 목적	테스트의 필요성
• 잠재적 오류와 결함의 발견 • 요구사항의 준수여부(기능/성능) 확인 • 소프트웨어 신뢰도의 평가와 예측 • 고객 요구 만족도 향상	• 결함 없는 소프트웨어 개발의 어려움 • 테스트의 수행에 따라 만족도나 품질이 달라지고 유지 보수 비용에도 차이가 발생 • 실증에 의한 기능의 확인

3) 소프트웨어 테스트의 특징 및 원리
- 성공적인 테스트는 무결점이 아닌 결함을 찾는데 있음
- 테스트 케이스 선정, 테스트 계획 수립에 따라 테스트 결과에 영향을 많이 받음
- 좋은 테스트 케이스는 미발견 결함을 발견하게 해줄 확률을 높임
- 테스트 케이스는 기대되는 표준결과를 포함하여 예측오류를 작성
- 테스트는 기대되지 않는 결함이 있다는 가정 하에 테스트계획 수립
- 개발자가 자기 프로그램을 직접 테스트하지 않음 (마이어 법칙)

4) 소프트웨어 단계에 따른 테스트 방법

단계	테스트 방법
단위 테스트	• 구현 단계에서 프로그램 개발자에 의해 수행 • 개별 모듈 테스트를 위해 모듈의 단독 실행 환경 필요

단계	테스트 방법
통합 테스트	• 모듈을 결합하여 하나의 시스템으로 구성 시 테스트 수행 • 빅뱅 통합 : 한꺼번에 테스트하므로 오류 발생 시 원인규명 어려움 • 하향식 통합 : 상위 모듈 테스트 시 다수의 하위 스텁(stub) 필요 • 상향식 통합 : 하위 모듈 호출하는 테스트 드라이버(Driver) 필요 • 상,하향식 통합을 결합한 샌드위치 통합방식 사용 권장
시스템 테스트	• 통합 모듈에 대한 시스템적(비기능적) 테스트 • 신뢰성, 견고성, 성능, 안전성 등의 비기능적 요구사항도 테스트
인수 테스트	• 사용자의 만족여부를 테스트하는 품질 테스트 • 알파테스트 : 개발자 환경에서 사용자가 수행 • 베타테스트 : 일정 수의 사용자가 테스트 후 피드백 • 감마테스트 : 베타 버전 배포 이후 다수의 사용자 대상 테스트
설치 테스트	• 시스템을 설치하면서 수행, H/W 체계, S/W 연결성 등 테스트

5) 소프트웨어 테스트 유형별 특징

구분	유형	특징
테스트 정보 획득 대상	화이트 박스 테스트	프로그램 내부 로직을 보면서 테스트 (구조 테스트) • 구조 테스트 : 프로그램의 논리적 복잡도 측정 후 수행경로들의 집합을 정의 • 루프 테스트 : 프로그램의 루프 구조에 국한해서 실시
	블랙 박스 테스트	프로그램 외부 명세를 보면서 테스트 (기능 테스트) • 동등 분할/ 경계값 분석/Cause–Effect 그래프/오류예측기법 등 • Data driven Test
프로그램 실행여부	동적 테스트	프로그램 실행을 요구하는 테스트 • 화이트박스, 블랙박스
	정적 테스트	프로그램 실행 없이 구조를 분석하여 논리성 검증 • 코드검사 : 오류 유형 체크리스트 및 역할에 의한 formal한 검사 방법(Fagan) • 워크스루 : 역할/체크리스트가 없는 비공식적 검사방법
테스트에 대한시각	검증 (Verification)	과정을 테스트 (Are we building the product right?) • 올바른 제품을 생산하고 있는 지 검증
	확인(Validation)	결과를 테스트 (Are we building the right product?) • 만들어진 제품이 제대로 동작하는 지 확인
테스트 단계	단위테스트	모듈의 독립성 평가, White Box테스트
	통합테스트	모듈간 인터페이스 테스트(결함테스트)

구분	유형	특징
테스트 단계	시스템테스트	전체 시스템의 기능수행 테스트(회복,안전,강도,성능,구조)
	인수테스트	사용자 요구사항 만족도 평가 (확인, 알파, 베타)
	설치테스트	사용자 환경
테스트 목적	회복 테스트(Recovery)	소프트웨어가 여러 가지 방법으로 실패하도록 만들고 복구가 적절하게 수행되는지를 테스트
	보안 테스트(Security)	각종 보안 지침 및 기법에 근거하여 테스트 – SQL Injection, Cross Site Scripting (XSS), Buffer Overflow, 파일업로드/다운로드점검, 디렉토리인덱싱, 패치취약점확인등점검
	강도 테스트(Stress)	정해진 시간 내에 과중한 정보량을 처리 할 수 있는지 테스트
	성능 테스트 (Performance)	설정한 성능 목표를 만족하는 테스트(응답시간, 처리량, 속도 등) – 스모크테스트 : 테스트 준비 상태 테스트 – 부하 테스트 : 서서히 최대 부하를 발생시켜 테스트 – 스파이크 테스트 : 갑작스럽게 부하를 발생시켜 테스트 – 안정성 테스트 : 특정 기간 동안 평균 부하를 발생시켜 테스트
	구조 테스트(Structure)	내부논리 경로, 복잡도 평가
	회귀 테스트	변경 또는 교정이 새로운 오류를 발생시키지 않음을 확인
	병행 테스트	변경시스템과 기존시스템에 동일한 데이터로 결과 비교

6) 테스트 설계 기법

 6-1) 명세기반 기법
 – 일반적으로 공식적/비공식적 모델이 명세화를 위해 사용됨
 – 테스트 케이스를 모델로부터 체계적으로 도출
 – 문서를 기반으로 작성
 – 종류 : 동등분할, 경계값 분석, 조합 테스팅, 결정 테이블 테스팅, 상태전이 테스팅, 유즈케이스테스팅 등

 6-2) 구조 기반 기법 (or 화이트 박스 기법)
 – 소프트웨어 코드나 설계 등 구조를 보여주는 정보로부터 테스트 케이스 도출
 – 소프트웨어의 커버리지 정도가 기존 테스트 케이스로부터 측정되고 커버리지를 늘리기 위해 추가적 테스트 케이스가 체계적으로 도출
 – 종류 : 제어 흐름 테스트, 기본 경로 테스트, 최소 비교 테스트 등

6-3) 경험 기반 기법
    - 테스터, 개발자, 사용자 등의 지식 활용
    - 발생 가능한 결함과 그 분포 등에 대한 지식 활용
    - 문서화가 필요
    - 종류 : 에러추정, 체크리스트, 탐색적 테스트 접근법, 스크립트 기반 테스트 등

7) 소프트웨어 테스팅 종류 (Software Testing Alliances 분류)

테스팅 접근법(C)	테스팅 설계 기법(D)	테스팅 레벨(L)	테스팅 타입(T)
(C) 동적 테스팅		(L) 인수 테스팅	(T) 확인/리그레션 테스팅
(C) 리스크 기반 테스팅		(L) 시스템 테스팅	(T) 기능 테스팅
(C) 블랙박스 테스팅		(L) (Sub) 시스템 통합 테스팅	(T) 비기능 테스팅
(C) 명세 기반 테스팅	(D) Classification Tree Method	(L) 통합 테스팅	(T) 구조적 테스팅
	(D) 유즈케이스 테스팅	(L) 컴포넌트(단위) 테스팅	
	(D) 상태 전이 테스팅		
	(D) 경계값 분석 & 등가 분할 테스팅		
	(D) 조합 테스트 & OA		
(C) 탐색적 v.s. 스크립트 기반 테스팅			
(C) 경험 기반 테스팅	(D) 통계적 사용기반 테스팅 (or Rare Event Testing)		
(C) 스모크 테스트			
(C) 화이트 박스 테스팅	(D) 제어흐름 테스트		
(C) 구조 기반 테스팅	(D) 기본 경로 테스팅(Basis Path Testing)		
	(D) 최소비교 테스트(MCDC 커버리지)		
(C) 정적 테스팅	(D) (Technical) 리뷰		
	(D) 인스펙션(Inspection)		
	(D) 요구사항 테스팅		
	(D) 설계 테스팅		
	(D) 정적 분석(Static Analysis)		

2004년 26번

오른쪽 프로그램을 화이트 박스 테스트 작업에 의해 검증하고자 한다. 모든 수행 동작에 대해 신뢰성을 보장하고자 한다면 테스트 사례의 최소수는 얼마가 되어야 하는가? (단, 테스트 사례 는 변수 w, x, y, z 값의 조합이다)

프로그램

int r = 100 ;
int w, x, y, z ;
 	
if(w 〉 x) r − = 10 ;
else if (w 〉 y) {
    if (w == x) r − = 20 ;
    if (y 〉 z) r − = 30 ;
    else if (y 〈 z) r − = 40 ;
    else r + = 10 ;
}
else if (w 〉 z) r − = 50 ;
else x = 0 ;
             ⋮

① 7　　　　② 8　　　　③ 9　　　　④ 10

● 해설 : ③번

　－ 화이트 박스의 모든 논리적 경로를 파악하는 문제임. 일반적으로 if a〉b 의 문은 테스트 경 우가 2가지 임.

　－ 문제 설명

if의 조건	경우의 수	변수의 조합	변수 조합의 수	비고
w〉x	T F	(w,x)	2	
w〉y	T F	(w,y)	2	
w==x	T F	(w,x)	1	false 부분은 첫 번째의 w〉x에 포함 되므로 변수 조합의 수는 1 이 됨

if의 조건	경우의 수	변수의 조합	변수 조합의 수	비고
y>z (y<z 포함)	T F	(y,z)	2	
w>z	T F	(w,z)	2	
합계			9	

● 관련지식 ●●

1) 블랙박스 테스트
 - 소프트웨어의 내부를 블랙박스로 규정하고 외부에서 목적 코드만으로 그 기능과 성능을 테스트함
 - 데이터 위주 혹은 입출력 위주테스트 임
 - 인터페이스 결함 발견이 용이
 - 예 : 동등분할, 경계값 분석, 오류 예측

2) 화이트 박스 테스트
 - 프로그램상에 허용되는 모든 논리적 경로를 파악 하거나 경로들의 복잡도를 계산하여 테스트
 - 소프트웨어의 내부적 형상의 구조를 이용하여 테스트
 - 예 : 구조 테스트, 루프 테스트

소프트웨어 시험을 수행하는 순서를 옳게 나열한 것은?

가. 시험 방법 정의	나. 시험 사례 추출
다. 시험의 목표 및 평가 전략 정의	라. 시험 및 평가

① 가-다-나-라   ② 다-나-가-라

③ 다-가-나-라   ④ 나-가-라-다

● 해설 : ③번

 - 순서는 목표 정의 – 방법 정의 – 테스트 케이스 추출 – 평가

● 관련지식 ●●

1) 소프트웨어 테스트 프로세스

단계	세부단계	설명
테스트 계획	① 테스트 요구사항 수집 ② 테스트 계획 작성 ③ 테스트 계획 검토	① 테스트 목표수립, 테스트대상 및 범위 선정 ② 테스트 전략, 일정, 보고를 위한 테스트 계획서 작성 ③ 작성된 테스트 계획을 정제, 테스트 계획을 확정
테스트 케이스 설계	① 테스트케이스 설계기법 정의 ② 테스트 케이스 도출 ③ 원시 데이터 수집	① 테스트 케이스를 설계하기 위한 기법을 정의 ② 정의된 테스트 종류 및 테스트케이스 설계기법을 이용하여 테스트케이스 도출 ③ 정의된 테스트케이스를 수행하기 위한 적절한 원시 데이터를 작성
테스트 실행 및 측정	① 테스트 환경 구축 ② 테스트케이스 실행 및 측정	① 테스트 계획서에 정의된 테스트 환경 및 자원을 설정하여 테스트 실행을 준비 ② 정의된 테스트케이스를 실행하고 결과를 측정
결과분석 및 보고	① 측정결과 분석 ② 테스트 결과 보고	① 테스트케이스의 수행결과의 측정치 분석 ② 테스트 측정 결과 분석서를 기본으로 테스트 결과 보고서를 작성
오류추적 및 수정	① Causal Effect 분석 ② 오류 수정 계획 ③ 오류 수정 ④ 수정 후 검토	① 테스트결과 보고서에서 나온 테스트 결과를 확인하여 오류 지점을 분석 ② 오류 수정 우선순위를 결정하여 오류수정 계획 작성 ③ 디버깅 도구 등을 이용하여 오류수정 ④ 수정된 코드와 오류수정 결과 보고서를 검토하여 수정의 정합성 검증

2) 소프트웨어 테스트 단계별 산출물

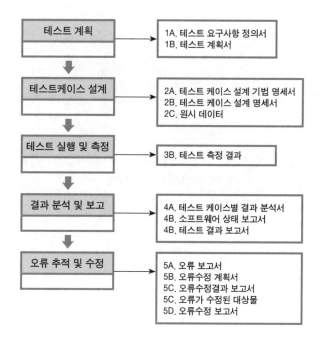

테스트 계획	→	1A. 테스트 요구사항 정의서 1B. 테스트 계획서
테스트케이스 설계	→	2A. 테스트 케이스 설계 기법 명세서 2B. 테스트 케이스 설계 명세서 2C. 원시 데이터
테스트 실행 및 측정	→	3B. 테스트 측정 결과
결과 분석 및 보고	→	4A. 테스트 케이스별 결과 분석서 4B. 소프트웨어 상태 보고서 4B. 테스트 결과 보고서
오류 추적 및 수정	→	5A. 오류 보고서 5B. 오류수정 계획서 5C. 오류수정결과 보고서 5C. 오류가 수정된 대상물 5D. 오류수정 보고서

다음 중 비정상적인 조건에서 시스템의 기능과 성능을 시험하는 것은?

① 스트레스 시험　　　　　　　② 보안시험
③ 성능시험　　　　　　　　　④ 복구시험

● 해설 : ①번
  - 시스템 테스트: 스트레스, 보안, 성능, 복구 시험 – 비기능적 요구사항이 만족되는지 검사
  - 보안시험: 시스템 내의 보호기능이 불법적 침투로부터 시스템을 보호하는지 검증
  - 성능시험: SW 실행시간검증
  - 복구시험 : SW가 다양한 방법으로 실패하도록 유도하고 적절하게 수행되는지 검증

● 관련지식 ●●●

1) 시스템 테스트
  - 통합 모듈에 대한 시스템적 테스트, 주로 비 기능적 테스트를 수행
  - 신뢰성, 견고성, 성능, 안전성 등의 비기능적 요구사항도 테스트

2) 시스템 테스트의 종류

시스템 테스트 종류	내용
회복 테스트 (Recovery)	소프트웨어가 여러 가지 방법으로 실패하도록 만들고 복구가 적절하게 수행되는지를 테스트
보안 테스트(Security)	각종 보안 지침 및 기법에 근거하여 테스트 - SQL Injection, Cross Site Scripting (XSS), Buffer Overflow, 파일업로드/다운로드점검, 디렉토리인덱싱, 패치취약점확인등점검
강도 테스트(Stress)	정해진 시간 내에 과중한 정보량을 처리 할 수 있는지 테스트
성능 테스트 (Performance)	설정한 성능 목표를 만족하는 테스트(응답시간, 처리량, 속도 등) - 스모크테스트 : 테스트 준비 상태 테스트 - 부하 테스트 : 서서히 최대 부하를 발생시켜 테스트 - 스파이크 테스트 : 갑작스럽게 부하를 발생시켜 테스트 - 안정성 테스트 : 특정 기간 동안 평균 부하를 발생시켜 테스트
구조 테스트(Structure)	내부논리 경로, 복잡도 평가
회귀 테스트	변경 또는 교정이 새로운 오류를 발생시키지 않음을 확인
병행 테스트	변경시스템과 기존시스템에 동일한 데이터로 결과 비교

통합시험에서 모듈을 결합하여 시험하는 방식에 대한 설명으로 틀린 것은?

① 동시식(Big-Bang) 방법은 모든 모듈이 구현되고 시험된 후에 통합시험을 수행한다.
② 상향식 방법은 하위 모듈부터 통합하여 시험하기 때문에 스터브(Stub)의 사용이 필요하다.
③ 연쇄식(Threads) 방법은 특수하고 중요한 기능을 수행하는 모듈 집합을 먼저 구현하고 시험 한다.
④ 하향식 방법은 상위 층의 모듈을 먼저 시험하므로 시스템의 계층 구조와 상위층의 중요한 인터페이스를 조기에 시험할 수 있다.

● 해설 : ②번

– 상향식 방법은 드라이브의 사용이 필요, Stub의 사용은 하향식 방법

● 관련지식 ●●

1) 통합테스트의 의미
 – 모듈을 결합시켜 하나의 시스템으로 만드는 과정의 시험
 – 모듈간의 인터페이스와 관련된 결함들을 발견하고 제거하면서 모듈들을 체계적으로 조합시키는 작업
 – 방식 : 하향식 통합, 상향식 통합, 샌드위치형 통합, 빅뱅 통합

2) 통합 테스트 방법
 – 하향식 방식 : stub 사용, 메뉴 방식 소프트웨어 개발에 적용, 회귀테스트, Stub 모듈(구현 복잡, 비용 고가)
 – 상향식 : test driver 사용, 대규모 시스템에 적합, 메인 모듈 없이 통합
 – 샌드위치 방식 : 상향식과 하향식 통합하여 테스트
 – 빅뱅 방식 : 동시에 전체를 테스트, 시스템의 전면 개발 시 사용, 위험이 상대적으로 증가

2005년 48번

블랙박스 시험(black-box testing)은 소프트웨어의 기능적 요구사항에 초점을 맞춘 시험이다. 다음 중 블랙박스 시험에 해당하지 <u>않는</u> 방법은?

① 그래프 기반 시험 방법(Graph-based Testing Method)
② 비교 시험(comparison Testing)
③ 자료 흐름 시험(data flow testing)
④ 동질 분리(Equivalence Partitioning)

● 해설 : ③번
　– 자료 흐름 시험은 화이트 박스 시험

● 관련지식 ●●●●●●●●●●●●●●●●●●●●●●●●●●●●●●●●●●●●●

1) 단위 테스트
　– 구현 단계에서 프로그램 개발자에 의해 수행
　– 개별 모듈 테스트를 위해 모듈의 단독 실행 환경 필요
　– 단위테스트 방법은 대표적으로 화이트박스와 블랙박스 기법이 있음.

2) 블랙박스와 화이트박스 비교

구분	White Box 테스트	Black Box 테스트
개념	– 프로그램 내부 로직을 참조하면서 모든 경로를 테스트	– PGM 외부명세(기능, I/F)로부터 직접 테스트 (Data, I/O 위주 테스트)
특징	– 구조 테스트 – Logic-Driven 테스트 – 모듈 테스트	– 기능 테스트 – Data-Driven 테스트 – I/O-Driven 테스트
테스트 기법	– 제어 구조 시험 – 루프 시험	– 동등분할 기법 – 경계값 분석 기법 – 원인, 결과 그래프 기법 – 오류 예측 기법

다음은 소프트웨어 결함을 식별하고 품질을 확보하기 위해 필요한 시험데이터이다. 가장 적절하지 <u>않은</u> 것은?

① 입력항목 x값이 〈0~100〉사이어야 만족하는 경우에, 시험 데이터로 x〈0, 0≤x≤100, x〉100 준비
② 입력항목이 〈학위〉인 경우, 시험 데이터로 〈학위없음〉, 〈학사, 석사, 박사〉, 〈3개 이상의 학위들〉 준비
③ 입력항목이 〈성별〉인 경우, 시험 데이터로 〈남자〉, 〈여자〉, 〈중성〉 준비
④ 코드가 cs 로 시작하는 전산학과 수강과목코드가 입력항목인 경우, 시험 데이터로 〈csxxxx〉, (단, xxxx : 0000 ~ 9999) 준비

● 해설 : ④번

– 유효 데이터뿐만 아니라 유효 하지 않는 데이터도 시험 데이터로 생성해야 함.

● 관련지식 ●●●

1) 소프트웨어 테스트
– 노출되지 않은 숨어있는 결함(Fault)을 찾기 위해 소프트웨어를 작동시키는 일련의 행위와 절차 (대표적으로 블랙박스 테스트와 화이트 박스 테스트가 있음)

2) 명세 기반 (Specification-based Techniques)(블랙박스) 테스트
– 정의 : 주어진 명세(일반적으로 모델의 형태)를 빠뜨리지 않고 테스트 케이스화하는 것을 의미하고, 테스트 케이스를 수행해서 중대한 결함이 없음을 보장하는 것이 일반적
– 종류 : 동등 분할 (Equivalence partitioning), 경계값 분석 (Boundary value analysis), 결정 테이블 테스팅 (Decision table testing), 상태 전이 테스팅 (State transition testing), 유스케이스 테스팅 (Use case testing), 조합 테스팅 (Pairwise testing))

3) 동등 분할 기법에서의 시험데이터
– 프로그램의 입력 도메인을 동등(동치) 클래스(equivalence class)들로 분할
– 동치 클래스의 정의
● 범위(range) 입력 조건 : 범위보다 작은, 범위 내, 범위보다 큰 클래스
● 특수한 값(value) : 값보다 작은, 특정 값, 값보다 큰 클래스
● 집합(set) : 집합 내, 집합 외 클래스
● 논리 조건(Boolean) : TRUE, FALSE 클래스
예) 1~100 범위에서 x 〈0, 0, x, 100, x 〉100으로 구분하여 테스트

다음은 소프트웨어 품질확보를 위해 수행되는 시험을 그 목적에 따라 분류한 것이다. 괄호(ⓐ)에서부터 괄호(ⓓ)까지에 들어갈 용어가 순서대로 바르게 짝지어진 항은?

시험을 시험목적에 따라 분류해보면, 주어진 입력에 기대되는 출력을 제공하느냐를 시험하는 (ⓐ)시험과, 응답시간이나 처리량, 메모리 활용도 그리고 처리속도 등을 시험하는 (ⓑ)시험이 있으며, 과다한 거래량이 부과될 때 최저 조건에 미달되고 최고 조건을 초과할 때 또는 물리적인 충격이나 변화에 대한 반응 정도로 신뢰성을 시험하는 (ⓒ) 시험, 그리고 소프트웨어에 내재되어 있는 논리경로(path)의 복잡도를 평가하는 (ⓓ) 시험이 있다.

    (ⓐ)--(ⓑ)--(ⓒ)--(ⓓ)
① 기능-성능-스트레스-구조
② 기능-성능-구조-스트레스
③ 단위-통합-스트레스-구조
④ 단위-통합-구조-스트레스

● 해설 : ①번
   – 기능, 성능, 스트레스, 구조 테스트

● 관련지식 ●●

1) 소프트웨어 테스트 원리와 특징

   – 성공적인 테스트는 무결점이 아닌 결함을 찾는데 있음
   – 테스트 케이스 선정, 테스트 계획 수립에 따라 영향을 많이 받음
   – 좋은 테스트 케이스는 미발견 결함을 발견하게 해줄 확률이 높음)
   – 테스트 케이스는 기대되는 표준결과를 포함하여 예측오류, 기대되지 않는 결함이 있다는 가정
   – 개발자가 자기 프로그램을 직접 테스트하지 않음 (마이어 법칙)
   – 능력 있는 테스트 수행자는 성공적이고 효율적으로 시험을 수행

2) 소프트웨어 테스트 유형별 특징

구분	유형	특징
테스트 정보 획득 대상	화이트 박스 테스트	프로그램 내부 로직을 보면서 테스트 (구조 테스트)

구분	유형	특징
테스트 정보 획득 대상	화이트 박스 테스트	• 구조 테스트 : 프로그램의 논리적 복잡도 측정 후 수행경로들의 집합을 정의 • 루프 테스트 : 프로그램의 루프 구조에 국한해서 실시
	블랙 박스 테스트	프로그램 외부 명세를 보면서 테스트 (기능 테스트) • 동등 분할/ 경계값 분석/Cause–Effect 그래프/오류예측기법 등 • Data driven Test
프로그램 실행여부	동적 테스트	프로그램 실행을 요구하는 테스트 • 화이트박스, 블랙박스
	정적 테스트	프로그램 실행 없이 구조를 분석하여 논리성 검증 • 코드검사 : 오류 유형 체크리스트 및 역할에 의한 formal한 검사 방법(Fagan) • 워크스루 : 역할/체크리스트가 없는 비공식적 검사방법
테스트에 대한시각	검증 (Verification)	과정을 테스트 (Are we building the product right?) • 올바른 제품을 생산하고 있는 지 검증
	확인(Validation)	결과를 테스트 (Are we building the right product?) • 만들어진 제품이 제대로 동작하는 지 확인
테스트 단계	단위테스트	모듈의 독립성 평가, White Box테스트
	통합테스트	모듈간 인터페이스 테스트(결함테스트)
	시스템테스트	전체 시스템의 기능수행 테스트(회복,안전,강도,성능,구조)
	인수테스트	사용자 요구사항 만족도 평가 (확인, 알파, 베타)
	설치테스트	사용자 환경

시험 종류 중 소프트웨어의 기능뿐만 아니라 비 기능적인 속성(예, 신뢰성, 견고성, 성능, 안전성 등)도 만족되는 지를 검사하는 시험 전략은?

① 단위 시험   ② 통합 시험
③ 시스템 시험   ④ 인수 시험

● **해설 : ③번**

- 단위시험 : 모듈의 독립성 평가, White Box테스트
- 통합시험 : 모듈간 인터페이스 테스트(결함테스트)
- 인수시험 : 사용자 요구사항 만족도 평가 (확인, 알파, 베타)

● **관련지식** ●●

1) 소프트웨어 개발 단계와소프트웨어 테스트

- Human testing(Verification)과 Computer-based testing(Validation)을 통해서 단계별 결함을 검출하고,다음 단계로의 전이 시 효율적으로 결함을 예방하기 위해 개발 단계와 테스트 단계를V 모형의 형태로 관계를 도식화 함
- V-Model 기반 테스트방법론은 테스트 계획 및 설계활동을 프로젝트 초기 단계로 배치하여 테스트 생명주기(계획, 설계, 실행, 종료)를 구분하지 않고, 소프트웨어 개발 생명 주기과 함께 테스트 생명주기가 수행되도록 구성

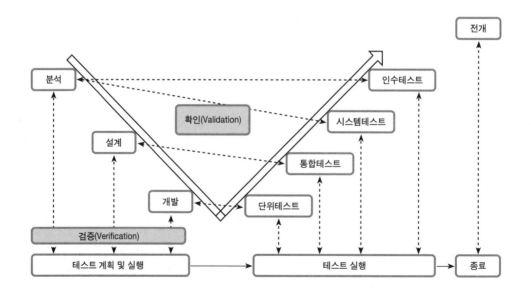

2) 시스템 테스트 종류 및 내용

- 시스템 테스트는 구현하고자 하는 소프트웨어의 기능과 비기능 요건을 만족하는 테스트

시스템 테스트 종류	내용
회복 테스트(Recovery)	소프트웨어가 여러 가지 방법으로 실패하도록 만들고 복구가 적절하게 수행되는지를 테스트
보안 테스트(Security)	각종 보안 지침 및 기법에 근거하여 테스트 - SQL Injection, Cross Site Scripting (XSS), Buffer Overflow, 파일업로드/다운로드점검, 디렉토리인덱싱, 패치취약점확인등점검
강도 테스트(Stress)	정해진 시간 내에 과중한 정보량을 처리 할 수 있는지 테스트
성능 테스트 (Performance)	설정한 성능 목표를 만족하는 테스트(응답시간, 처리량, 속도 등) - 스모크테스트 : 테스트 준비 상태 테스트 - 부하 테스트 : 서서히 최대 부하를 발생시켜 테스트 - 스파이크 테스트 : 갑작스럽게 부하를 발생시켜 테스트 - 안정성 테스트 : 특정 기간 동안 평균 부하를 발생시켜 테스트
구조 테스트(Structure)	내부논리 경로, 복잡도 평가
회귀 테스트	변경 또는 교정이 새로운 오류를 발생시키지 않음을 확인
병행 테스트	변경시스템과 기존시스템에 동일한 데이터로 결과 비교

컴포넌트 시험중 인터페이스시험에서 발견할 수 있는 오류의 유형에는 인터페이스오용, 인터페이스오해, 타이밍오류가 있다. 다음 중 오류유형에 대한 설명으로 **틀린 것은?**

① 인터페이스 오용 – 호출하는 컴포넌트가 다른 컴포넌트를 호출할 때 인터페이스를 잘못 사용하는 경우에 발생
② 인터페이스 오용 – 전달되는 매개변수들의 형이 잘못된 경우나 매개변수들의 순서나 개수가 틀린 경우 발생
③ 인터페이스 오해 – 실시간 시스템에서 공유 메모리나 메시지 전달 인터페이스를 사용할 때 발생
④ 인터페이스 오해 – 정렬되지 않은 배열을 가지고 이진 탐색 루틴을 호출하는 경우 발생

● 해설 : ③번

 – 인터페이스 오류나 인터페이스의 잘못된 가정에 대한 결점은 발견하는 것

● 관련지식 •

1) 인터페이스 테스트
 – 인터페이스 오류나 인터페이스의 잘못된 가정에 대한 결점은 발견하는 것

2) 인터페이스 유형
 – 파라메타 인터페이스 :데이터가 한 프로시져에서 다른 프로시져로 전달됨
 – 공유 메모리 인터페이스 :메모리 블록이 프로시져 혹은 함수간에 공유됨
 – 프로시져 인터페이스 :서브시스템은 다른 시스템에 의해서 호출되는 프로시져 집합을 보호
 – 메시지 전달 인터페이스 :서브 시스템이 다른 서브시스템으로부터 서비스를 요청함

3) 인터페이스 오류
 – 인터페이스 오용: 한 컴포넌트가 다른 컴포넌트를 호출할 때 인터페이스의 사용에서 오류가 생김   예) 잘못된 순서로 파라메타를 전달
 – 인터페이스 오해: 호출 컴포넌트가 호출되는 컴포넌트의 행동에 대하여 잘못된 가정을 하고 호출
 – 타이밍 오류: 호츨된 컴포넌트와 호출하는 컴포넌트가 다른 속도로 운영되고 지난 정보를 접근

4) 인터페이스 테스팅 방법
- 호출되는 프로시져의 파라메타의 경계 값을 테스트하도록 설계
- 널 포인터를 가지고 포인터 파라메터를 테스트
- 컴포넌트가 실패하도록 하는 테스트를 설계
- 메시지 전달 시스템에서는 스트레스 테스팅을 사용
- 메모리 공유 시스템에서는 컴포넌트가 활성화되는 순서대로 테스트

어떤 개발업체에서 다수의 모듈로 구성되어 있는 소프트웨어를 개발하고 있다. 모듈별 상호작용이 많고 한 모듈의 실행과정 혹은 결과가 다른 모듈에 크게 영향을 미친다고 한다. 각 모듈별로 개발 완료 후에 모듈 통합과정에서 적당한 시험은?

① 회귀시험(Regression testing) ② 회복시험(Recovery testing)
③ 스트레스시험(Stress testing) ④ 알파시험(Alpha testing)

● 해설 : ①번
  – 회귀테스트는 수정 후 모듈의 상호작용에 대한 영향도 테스트

● 관련지식 ●●●

1) 회귀 테스트의 개념
  – 회귀테스트는 수정(Modification)이 기대치 않은 결과를 발생시키지 않는다는 것을 증명하기 위한 시스템이나 컴포넌트에 대한 선택적재 테스트를 말함 [IEEE610.12-90]
  – 오류를 제거하거나 수정한 시스템이나 시스템컴포넌트 또는 프로그램이 오류제거와 수정에 의해 새로이 유입된 오류가 없는지를 확인하는 일종의 반복시험

2) 회귀 테스트의 필요성
  – 오류가 제거되었던 소프트웨어에서 모듈이 추가 되거나 수정되면 의도하지 않았던 결함이나 오동작이 발생하고 새로운 형태의 오류도 발생할 가능성이 있기 때문에 회귀 테스트가 필요

다음은 어떤 테스트 유형에 대한 설명인가?

> 완성된 시스템에 대한 시험으로 시스템이 사용될 준비가 다 되었는지를 확인하는 것이다. 시스템의 개발 범위와 목표에 부합하는지, 시스템의 요구사항을 모두 만족하는지를 검사한다. 경우에 따라서 사용될 환경에 설치하여 사용자가 직접 사용하면서 시험하는 경우도 있다.

① 성능 테스트 (Performance Test)   ② 단위 테스트 (Unit Test)
③ 배치 테스트 (Deployment Test)   ④ 인수 테스트 (Acceptance Test)

● **해설 : ④번**
  – 사용자가 사용하면서 시험하는 것은 인수 테스트

● **관련지식** ●●

1) 인수 테스트의 개념
  – 계약상의 요구 사항이 만족되었는지 확인하기 위해, 개발 완료 후 실제 운영 환경에서 시스템 또는 기능을 테스트
  – 시스템이 사용될 수 있는 모든 준비가 갖추어졌는지 확인하는 테스트로 결함을 찾는 것이 주된 관심사는 아님
  – 보통 인수 테스트는 사용자나 사용자의 대리인이 직접 테스트를 수행

2) 인수 테스트의 종류
  – 알파테스트 : 특정 사용자들에 의해 개발자 사이트에서 테스트
  – 베타테스트 : 사용자 사이트에서 직접 테스트

3) 소프트웨어의 검증과 확인
  – 검증 : 프로그램이 요구사항 명세서에 명시된 사항들을 정확하게 수행하는 지 검사한다.
  (Are we building the product right ?, 소프트웨어가 정확히 작동되는가?)
  – 확인 : 프로그램이 고객이 기대에 맞도록 개발되었는지 검사한다
  (Are we building the right product ?, 좋은 소프트웨어를 만들었는가?)

4) 시스템 시험

　4.1) 성능 테스트 : 응답시간, 처리량, 속도

　4.2) 단위 테스트 : 모듈의 독립성 평가, White Box테스트

　4.3) 배치 테스트 : 현장에 시스템을 설치하여 가동시켜 보면서 하는 테스트

　4.4) 인수 테스트 : 사용자가 직접 사용하면서 요구사항에 만족하는 품질에 부합하는지 테스트

다음은 회사의 임금관리 시스템 요구사항의 일부분이다. 이 시스템을 블랙박스 테스트의 동치 분할(Equivalence Partitioning) 기법으로 테스트하고자 한다. 가장 적절한 테스트 입력 값의 집합은?

> 사원을 구분하기 위해 사원번호는 4자리의 정수로 이루어진다. 1로 시작하는 번호 (1xxx)는 임원을 나타내고, 2로 시작하는 번호(2xxx) 는 본사에 근무하는 직원, 3으로 시작하는 번호(3xxx)는 연구소에 근무하는 직원, 그 외 4자리 번호들은 미지정으로 남겨둔다.

① {1000, 2000, 3000}
② {1000, 2000, 3000, 4000}
③ {100, 1000, 2000, 3000, 5000, 10000}
④ {999, 1000, 2000, 3000, 4000, 9999}

● 해설 : ③번

- 동치클래스 (4자리정수이하, 임원, 본사근무직원, 연구소직원, 기타4자리, 4자리정수이상)

● 관련지식 ●●●

1) 소프트웨어 테스트 정의

노출되지 않은 숨어있는 결함(Fault)을 찾기 위해 소프트웨어를 작동시키는 일련의 행위와 절차

2) 명세 기반 (Specification-based Techniques)(블랙박스) 테스트
- 정의 : 주어진 명세(일반적으로 모델의 형태)를 빠뜨리지 않고 테스트 케이스화하는 것을 의미하고, 테스트 케이스를 수행해서 중대한 결함이 없음을 보장하는 것이 일반적
- 종류 : 동등 분할 (Equivalence partitioning), 경계값 분석 (Boundary value analysis), 결정 테이블 테스팅 (Decision table testing), 상태 전이 테스팅 (State transition testing), 유스케이스 테스팅 (Use case testing),조합 테스팅 (Pairwise testing))

3) 구조 기반(화이트박스) 테스트
- 조건 및 루프들을 시험을 이용하여 논리적인 경로를 테스트 함.
- 종류 : 구조테스트, 루프테스트
- 데이터 참조 오류, 데이터 선언 오류, 계산 오류, 비교 오류 , 제어 흐름 오류, 서브루틴

파라미터 오류, 입력/출력 오류

4) 동등 분할 기법

- 프로그램의 입력 도메인을 동등(동치) 클래스(equivalence class)들로 분할
- 동치 클래스의 정의
  1. 범위(range) 입력 조건 : 범위보다 작은, 범위 내, 범위보다 큰 클래스
  2. 특수한 값(value) : 값보다 작은, 특정 값, 값보다 큰 클래스
  3. 집합(set) : 집합 내, 집합 외 클래스
  4. 논리 조건(boolean) : TRUE, FALSE 클래스

  예) 1~100 범위에서 x 〈0, 0, x, 100, x 〉100으로 구분하여 테스트

단위테스트의 통상적 세가지 테스트 완료 검증기준 (test coverage)인 문장 검증기준, 선택 검증기준, 경로검증 기준에 의해 다음과 같이 측정되었다. 이의 분기 흐름도로 <u>적절한 것은?</u>

문장 검증기준 : 1, 2, 3, 4, 5   경로 검증기준 : 1, 2, 3, 4, 5
                                                        1, 3, 5

선택 검증기준 : 1, 2, 3, 4, 5   1, 2, 3, 5
                   1, 3, 5   1, 3, 4, 5

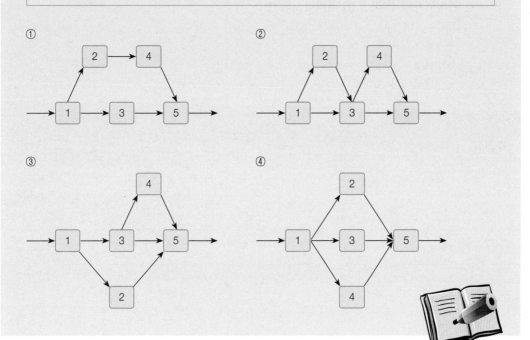

● 해설 : ②번

– 문장 검증 기준, 경로 검증 기능, 선택 검증 기준의 값을 대입하여 경로 결정
– 테스트 커버리지는 시스템 또는 소프트웨어의 구조가 테스트 케이스의 집합에 의해 테스트가 수행된 정도를 나타냄. (테스트의 충분함을 측정)

● 관련지식

1) 테스트 완료 검증 기준
  1.1) 문장(statement) coverage : 원시코드의 모든 문장을 한번 이상 수행
  1.2) 선택(decision) coverage : 선택구조 조건의 모든 경우가 적어도 한번씩 테스트
  1.3) 경로(Path) coverage : 상호 독립적인 경로를 모두 수행, 잠재적 오류 발견

1.4) 선택 조건 커버리지(Decision Condition Coverage) : 결정 내의 각 조건에 대해 참과 거 짓을 한번 이상 커버하고, 각 결정의 참과 거짓에 해당하는 모든 분기들이 커버될 수 있도록 테스트 케이스를 설계

1.5) 다중 조건 커버리지(Multiple Condition Coverage) : 마스크 현상을 해결하기 위하여, 각 결정문 내에 존재하는 조건들의 조합으로 나타날 수 있는 모든 결과를 커버할 수 있도록 테스트 케이스를 설계

2) 조건 커버리지와 선택(결정) 커버리지의 예

$$
\text{if (} \geq -2 \text{ and } y < 4 \text{)}
$$
$$
\text{Then } x = y - 7
$$
$$
y = x + y - 5
$$

조건식 \ (x, y)	(−3,−2)	(0,6)	(2,1)	비고
X >= −2	F	T	T	조건 커버리지
Y < 4	T	F	F	
X >= −2 and y < 4	F	F	T	결정 커버리지

2009년 26번

다음 시험 중 시스템 시험(system testing)이 아닌 것은?

① 회복 시험 (recovery testing)
② 보안 시험 (security testing)
③ 스트레스 시험 (stress testing)
④ 인수 시험 (acceptance testing)

● 해설 : ④번
– 인수시험은 UAT(사용자 인수 테스트)에 속함

● 관련지식 ●●

1) 소프트웨어 테스트
– 노출되지 않은 숨어있는 결함(Fault)을 찾기 위해 소프트웨어를 작동시키는 일련의 행위와 절차

2) 소프트웨어 단계에 따른 테스트 방법

단계	테스트 방법
단위 테스트	• 구현 단계에서 프로그램 개발자에 의해 수행 • 개별 모듈 테스트를 위해 모듈의 단독 실행 환경 필요
통합 테스트	• 모듈을 결합하여 하나의 시스템으로 구성 시 테스트 수행 • 빅뱅 통합 : 한꺼번에 테스트하므로 오류 발생 시 원인규명 어려움 • 하향식 통합 : 상위 모듈 테스트 시 다수의 하위 스텁(stub) 필요 • 상향식 통합 : 하위 모듈 호출하는 테스트 드라이버(Driver) 필요 • 상,하향식 통합을 결합한 샌드위치 통합방식 사용 권장
시스템 테스트	• 통합 모듈에 대한 시스템적(비기능적) 테스트 • 신뢰성, 견고성, 성능, 안전성 등의 비기능적 요구사항도 테스트
인수 테스트	• 사용자의 만족여부를 테스트하는 품질 테스트 • 알파테스트 : 개발자 환경에서 사용자가 수행 • 베타테스트 : 일정 수의 사용자가 테스트 후 피드백 • 감마테스트 : 베타 버전 배포 이후 다수의 사용자 대상 테스트
설치 테스트	• 시스템을 설치하면서 수행, H/W 체계, S/W 연결성 등 테스트

다음 중 블랙박스 시험으로 수행 할 수 <u>없는</u> 것은?

① 분할 시험 (partition testing)
② 경로 시험 (path testing)
③ 인터페이스 시험 (interface testing)
⑤ 경함 시험 (defect testing)

● 해설 : ②번

  – 경로 시험은 화이트박스 테스트

● 관련지식 •••

1) 블랙박스 시험
   – 모듈의 입력과 출력만을 가지고 평가
   – 기능 시험이라고도 함
   – 기능적으로 프로그래머가 유도했던 결과를 산출해 내는지 평가하는 시험
   – 동등 분할/ 경계값 분석/Cause-Effect 그래프/오류예측기법, Data driven Test

2) 화이트박스 테스트
   – 경로 시험 : 프로그램 내의 모든 독립적인 경로를 수행하여 봄으로써 잠재적인 오류를 찾아
     내는 방법
   – 구조 테스트 : 프로그램의 논리적 복잡도 측정 후 수행경로들의 집합을 정의

다음은 같이 주어진 년도와 월에 존재하는 날수를 계산하는 메소드가 있다. 년도와 월은 정수로 나타내며, 1은 1월, 2는 2월을 나타낸다. 또한 년도의 정상적인 입력값 범위는 0부터 maxint 이다

```
Class MyCalender {
...
 Public static int getNumDaysInMonth(int month, int year)
{ ... }
...
}
```

이 메소드에 대한 경계값 테스트(Boundary Test)를 위한 month와 year 매개변수에 대한 입력값으로 가장 적절하지 <u>않는</u> 것은?

① (2, 2000) 　　　　② (2, 1900)
③ (0, 1291) 　　　　④ (12, 1315)

● 해설 : ④번

- 경계값 분석 기법은 등가 분할 방법을 보충할 수 있는 시험 사례 설계 기법으로 경계 값은 조금 작은 값을 하거나 조금 큰 값을 데이터로 선정. 경계 값과 같은 값을 선정하지 않음.
- 등가 분할 방식은 입력 조건이 값의 범위를 지정하면 한 유효 등가 클래스와 두 무효 등가 클래스를 정의

● 관련지식 ●●●

1) 경계값 분석(boundary value analysis)
- 프로그램의 설계 및 개발에서 입력 조건의 경계값 처리에 대하여 실수할 가능성이 높으며, 또한 경계값 주위의 입력값을 시험 데이터로 하면 오류를 발견할 가능성이 높아진다.
- 이런 상황의 시험 사례를 설계하기 위하여 경계값 분석(boundary value analysis)으로 불리우는 기법을 사용
- 이러한 시험 사례 설계 방법의 주요한 아이디어는 입력 조건을 분석하여 경계값 주위에서 시험 데이터를 선택하는 것.

2) 방법
- 입력 조건이 a부터 b까지라는 값의 범위를 지정하면 a 보다 조금 작은 값, a 보다 조금 큰 값, b 보다 조금 작은 값, b 보다 조금 큰 값을 시험 데이터로 선정한다.
- 입력 조건이 몇 개의 값을 지정하고 있으면 이런 값들의 최소치, 최대치, 최소치 또는 최대치보다 좀 작거나 큰 값들을 시험 데이터로 선정한다.

다음 중 블랙박스 테스팅 기법과 <u>거리가 먼 것은?</u>

① 경계값 테스트 (Boundary Test)
② 유즈 케이스 테스트 (Use Case Test)
③ 제어흐름 테스트 (Control Flow Test)
⑤ 동치 분해 테스트(Equivalence Partitioning Test)

● 해설 : ③번

– 제어 흐름 테스트는 블랙박스 테스트가 아님

● 관련지식 ●●●

1) 블랙 박스 테스트
  – 블랙박스 시험은 시험하고자 하는 소프트웨어의 내부는 고려하지 않고 주어진 입력에 요구
    되는 결과가 나오는가를 시험하는 기법
  – 프로그램 외부 명세를 보면서 테스트 (기능 테스트)
  • 동등 분할 데스트, 경계값 분석 테스트,Cause-Effect 그래프, 오류예측기법 테스트 등
  • Data driven Test

2) 화이트 박스 테스트
  – 화이트박스 시험은 프로그램의 내부 구조를 참조하여 시험을 수행하는 것이다
  – 프로그램 내부 로직을 보면서 테스트 (구조 테스트)
  • 구조 테스트 : 프로그램의 논리적 복잡도 측정 후 수행경로들의 집합을 정의
  • 루프 테스트 : 프로그램의 루프 구조에 국한해서 실시